萊特

當有機建築師碰到花卉畫家

歐姬芙

Georgia OKeeffe

作者■ Paco Asensio
翻譯■曲芸、李瀟
審訂■李淑萍

好讀出版

Wright
+
O'Keeffe

Wright
O'Keeffe

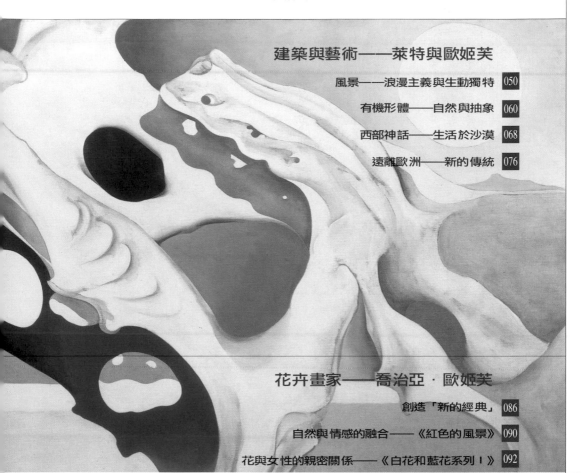

序 美國藝術與文化的先驅者
萊特與歐姬芙

喬治亞‧歐姬芙與法蘭克‧洛伊德‧萊特被認為是美國藝術和文化的先鋒人物。他們一生中被尊奉為天才和開創潮流者,更激發其後追隨者們的無限靈感。儘管他們都沿襲西方文化,但也同時認知其作品偏離歐洲傳統,已是與美國自身背景緊密關聯的藝術形式。兩人都對東方文化深深著迷,並堅持美國文化固有的特色,不願犧牲個人特質以成為前衛運動的成員。

儘管兩位藝術家在年齡上有些差異,但他們兩人都經常在美國境內長途旅行,而這種旅行正是美國現代神話的特有本質。電影,二十世紀偉大的藝術,從西部片到公路片,都記錄過這樣的旅程,也正是透過這個媒介,征服西部成為現代神話的一部份,並為全世界各角落的人們所熟知。對這兩

歐姬芙

萊特

《紅色和橘紅色的美人蕉》，1926年，布面油畫，40.6 x 50.8cm。 05

位藝術家來說，遷移到西部代表著他們人生中關鍵性的決定，從此他們的生活方式以及與自然環境的關係改變了。當萊特的健康狀況難以再適應家鄉威斯康辛州的氣候時，三〇年代中期他決定搬往西塔利埃辛，也是他最後的定居地。此時歐姬芙也在同一片沙漠裡，只不過是在另一州，而當時她停留在新墨西哥州的時間也越來越長。1946 年她搬到這片沙漠並定居在此。這兩位出生於威斯康辛州的藝術家在這個重要旅程之前——搬往沙漠地區的新墨西哥州及亞利桑那州——他們也都曾作過無數次短暫的旅行，尤其是在美國境內。

縱觀二十世紀全球政治和經濟發展過程中，美國逐漸成為軍事強國與極富文化資源的國家。萊特和歐姬芙作為美國藝術界的先驅，率先創造一種有別於歐洲傳統並具有個性的美國藝術語彙。十九世紀中期，美國文學已經確立其發展方向，但是美國繪畫與建築依然從屬於歐洲文化。萊特和歐姬芙正是首批不再依賴歐洲的美國藝術家，他們依據個人的興趣與動機來開展自己的事業，既不願臨摹也不想加入當時歐洲盛行的前衛藝術，兩人也都拒絕到歐洲完成學業。儘管萊特的導師路易斯‧亨利‧蘇利文（1856-1924）——是當時最具創新意識與獨特個性的建築師——認為到歐洲學習對於萊特事業的發展是極為必要的，但是萊特還是拒絕去巴黎和義大利學習建築的機會，他認為繼續留在導師身邊學習更好。

有機建築師

法蘭克‧洛伊德‧萊特

Frank Lloyd

Wright

在自然中營建有機的無機體

——萊特 (Frank Lloyd Wright, 1867-1959)

由於萊特建築作品表現出的創造性和創新性，他被奉為現代建築史的先驅之一。由其眾多的作品（超過 1000 棟的建築）證明他繼承立體派、表現主義、工藝美術運動、新藝術運動、理性主義和極簡主義的思想。他更以結合新材料與實用功能來配合不同空間的特點而著稱於世。

萊特的私生活因一系列不幸的事件而聞名，例如東塔利埃辛的那場大火，不僅毀掉他的住宅，更導致七人喪生，其中一名是梅瑪·玻爾斯薇可·錢尼，萊特幾年前曾為了她拋棄家庭。萊特一生中有不少女友陪伴在他身旁，其中米爾蘭姆·諾爾因精神失常而被監禁。儘管萊特的私生活波瀾不斷，然而他的工作態度卻十分執著。他的事業得以穩固發展，則是獲益於他不斷的從事創新技術的實驗。

自童年起萊特即表現出喜愛建築設計的傾向。他小時候常玩的玩具是弗勒貝爾積木，那是由幼稚園的創始人所發明的，包含了一系列的球體、方塊、錐形和矩形長條。小萊特用這些積木嘗試各種組合，這個過程對他的空間感與解析能力的形成具有決定性作用。在萊特日後的設計風格中，時常可以看到這種由幾何形體構成與相互結合各種元素的遊戲所留下的痕跡。另一種影響萊特風格形成的是一神教，它鼓勵個人在現實世界中尋找上帝，而其宣揚的信念更影響到整個以萊特為中心的設計團體。這個信念是探索建築師的個人核心，是一種把科學和藝術當作接近與瞭解上帝手段的精神歷程。

漢那別墅，1936年。

在萊特的建築語言中，最突出的是幾何元素以及牆壁上水平、垂直線條的運用。牆壁相對於室內空間而言，成為一個完全獨立的元素，就如同強森大樓（威斯康辛州）的設計。將各種元素分離的結果是使每一種元素的特質都得到凸顯。此外，這位備受稱道的建築師的作品中也反映出來自日本文化的影響。

萊特的作品有兩種類型的住宅，均由他所獨創：草原住宅（Prairie houses, 1904-1909）和尤索尼恩式住宅（Usonian house, 1939-1940）。萊特設計第一類建築時，即在腦海中構思一些共同的特徵：水平線條、由矮牆與縱向窗戶拱托的大屋頂、加高的地平面，與自然環境的緊密關聯以及開闊的空間。尤索尼恩式住宅則是一種更現代、更講究實際的表現手法。尤索尼恩式住宅中不設置招待客人的大型空間，相反的是它面積較小，更為私密，同時也更能滿足個體的需要。萊特認為「尤索尼恩」是代表美國式的理想生活，並根據這個理念而構想尤索尼恩式住宅。尤索尼恩式住宅通常有 L 形的樓層平面，它保留了草原

式住宅的開放性佈局，同時又略去了那些過於正統的元素。尤索尼恩式住宅的特點還包括經常使用天然材料和裝飾元素。

由於萊特不斷嘗試不同形式的建築，激勵他親自設計整合性家具以及單一家具，因為他堅信「獨特的」空間需要「獨特的」形體。顏色、光線與陰影是萊特建築的特點，藉由它們萊特得以設計私密、明亮的空間，再結合著名的彩繪玻璃，更產生具獨特個性的環境。

在萊特的作品中，似乎進行著一場各種比例之間的遊戲性對話。聯合教堂及其住宅區表現出如劇場般的空間對話，莫里斯禮品商店也是如此。萊特極為關注空間概念，他接合不同的環境空間，並儘量減少當中的阻隔。屋頂用來連接各個空間，但同時能保存自己的個性，從而使自己與整體建築區隔。

建築物與大自然的融合，明顯的表現於他所使用的建築材——結合空氣、水、土、火等元素。在落水山莊、斯多里別墅與普萊斯別墅之中，萊特的設計結合石材、水和植物。所有的建築都體現萊特空間分配的完全控制。

祝融光顧的明亮頂峰
——東塔利埃辛別墅（1911-1959）

在蓋爾語（萊特祖先使用的語言）中，「塔利埃辛」的意思是「明亮的頂峰」，萊特以這個蓋爾神話的詞語命名建於 1911 年的度假別墅。往後的歲月裡，東塔利埃辛經歷了多次增建、整修和重建，成為建築師一生中持續最久的工程。

萊特建造這一棟建築的想法是為了逃離喧鬧的芝加哥、返回出生地威斯康辛州。萊特母親的家族——萊特‧瓊斯家族大約從 1865 年即定居於此，逐漸興盛後更擁有散佈於整個地區的十多座農場。萊特即在其中一塊農場設計這個具鄉村風格的避風港，後來並將其改造為包含住宅、設計室及工作室的整體建築。鄰近一些舊建築物的修復，如風車、學校和餐館，也提高別墅結構的功能性。

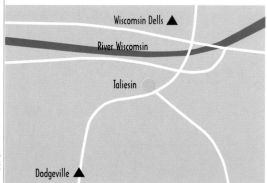

美國威斯康辛州柏林格里（Spring Green）（黃色圓點表示該建築位置，以下同）

1909年，萊特與梅瑪‧錢尼私奔，聲名因此而毀，為了躲避外界的風風雨雨，萊特建了東塔利埃辛做為住家及工作室之用，然而1914年的一場大火奪走了梅瑪及其他人的性命，留給萊特傷心的一頁。

東塔利埃辛建築群避開山脊座落在丘陵台地上，保留了原來地勢的自然形態，讓建築群體本身成為自然的一部份，相互間也維持一種有機關係，建築物與周圍景觀有∕和諧共存感。

兩場發生於 1914 年與 1925 年的悲劇性大火使塔利埃辛不得不全面重建，重建後的建築被命名為塔利埃辛二代（1914-1925）及塔利埃辛三代（1925-1959）。這座木石結構的單層建築巧妙地建造於一座小山頂上，因此擁有極好的視野。為展現房屋內部的精巧

設計與嚴謹的工藝技巧，建築師使用不同的物質（材料）以呈現不同的
表面紋路與各種充滿想像力的解決方法，例如他以各種尺寸及形狀的石
塊表現精密設計的牆面紋理。分隔房間的木隔板則採用不同走向的木
條，並鑿出一些小洞，賦予周圍空間流動感。萊特幾乎都特別為所有的
建築作品設計滿足其功能以及美學需要的家具。

加州派的浪漫
——蜀葵別墅 (1917-1920)

這幢別墅的最原始方案是一個完整的劇院建築，由艾琳·巴恩斯迪爾——巴恩斯迪爾石油公司的繼承人出資。由於艾琳對戲劇的熱衷，她以鉅額買下位於洛杉磯市中心奧利弗山山腳下的一大片土地，打算於此建造一個大型劇院、電影院，同時還包括演員住宅以及各種商店設施。艾琳自己的住宅——蜀葵別墅位於最高處。最後建造劇院的計劃並沒有實施，只完成蜀葵別墅以及其他兩處的建築。

當1917年蜀葵別墅開始動工時，洛杉磯還是一片沙漠。要使這塊土地變成鬱鬱蔥蔥的風景區，就必須種植植物與大量灌溉以美化這塊土地。鑒於這個地區的日照很強，萊特構思了一個風格內斂的主建築。工程後期，他還塑造一個綠樹成陰的屋內庭院。蜀葵別墅的窗子設計比草原式住宅的窗子小，以落地玻璃門淡化室內與戶外的界限。

在貧瘠的沙漠地區，水扮演非常重要的角色。萊特設計

美國加州洛杉磯

蜀葵別墅帶有濃厚的馬雅建築風。

建築物的美除了萊特的匠心獨具外，水，是讓洛杉磯這片沙漠地充滿生機的重要元素。

遠景圖

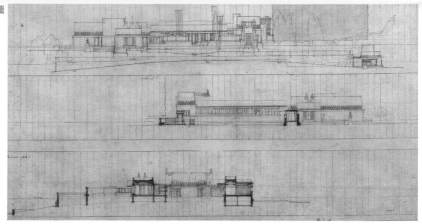

一條環屋的水流，從噴泉流出後進入庭院的大池塘，經過室內壁爐前方，最後流入起居室外面的方形游泳池。

　　萊特稱這個作品為「加州派浪漫設計」，建築與自然的和諧關係不僅表現於如雕塑般的大體型建築元素，同時也展現在以蜀葵（艾琳最喜歡的花）為圖案的裝飾元素。蜀葵圖案被用來裝飾窗臺、柱廊、混凝土建造的花園以及特製的椅背。由於艾琳和萊特都是無以倫比的完美主義者，因此這是萊特受委託設計的住宅中難度最高的一幢建築，整個設計與施工過程在萊特的記憶更留下美好的影像。

律動的空間
——斯多里別墅(1923)

這所別墅是萊特使用預製材料——當地的花崗岩——的作品之一。相較於其他設計,斯多里別墅由室內過渡到戶外的區隔較不明顯。建築物的位置高於街面,要登上兩階樓梯後才能看到庭院以及一個與小游泳池相連的噴泉。一樓的正立面交替排列著(五扇)玻璃門與由幾何圖形石塊所堆砌的石柱。

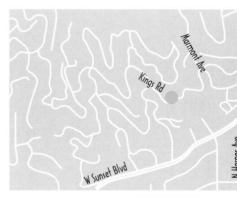

美國加州好萊塢

玻璃門直接通往餐廳,餐廳與位於三樓的起居室一起構成這幢房子的核心。玻璃門的設置使得室內光線明亮,而牆上石材的幾何紋理清晰可見。斯多里別墅坐北朝南,光線從窗子和玻璃門穿入室內,柔和了石柱的堅硬質感。萊特的佈局賦予空間極大的動感,更促成不同樓層間的流動感。

從建築物的外觀很難看出這幢房屋內部被分割為各自獨立的四層空間。四個完全相同的臥室被安排在起居室與餐廳中間的樓層。餐廳和廚房即佔據

連接起居室向外延伸的陽台可觀賞花園美景,給予人舒暢的生活空間。

一樓五扇玻璃窗讓光線從窗子和玻璃門穿入室內,柔和了石柱的堅硬質感。

一整層的空間,僕人房以及另一個小房間圍繞著煙囪。起居室佔據幣個二樓,連洋著一個向外延伸、可看到花園的陽臺。

　　由於斯多里別墅不斷易主,因此經歷了一連串的改建。 1970 年,因應新主人的要求,萊特的兒子,曾參與斯多里別墅最初設計方案的艾瑞克‧洛伊德‧萊特整建了這幢建築,並增加電暖氣設備與新的游泳池。老萊特的原創意仍然獲得保留,玻璃的透明和石頭堅硬的質感、別墅本身的開放性與外部空間之間都達到了微妙的平衡。

建築物的位置高於街面，要登上兩階樓梯後才能看到庭院，不論是由外向
內，或是由內向外，每個角度都可看出大師設計及景觀佈置的用心。

住在自然裡
——落水山莊 (1935-1939)

落水山莊或許是萊特所有的建築中最著名的一幢。這幢房屋座落於瀑布上方，融合在賓西法尼亞州的山脈之間，完美的與山間岩石合為一體。

　　萊特在這幢別墅中試圖以自然的元素——森林、河流和岩石——作為建築結構的元素。他的目的是創造一所與周圍環境和諧、可使居住者休憩與放鬆的建築物。萊特設計的特點一直是與自然環境維持和諧的關係，而在落水山莊中，他特別注意居住者與周圍自然環境以及室外風景的親密性。

　　建築師透過起居室和凸出的上層陽臺部分以強調水平方向的建築元素。建築主體有三個樓層，底層向外伸出兩個陽臺，可飽覽三個方向的風景。二樓的臥室每間都有獨立的陽臺，三樓的書房與露臺的設計也是如此。在山的較高處，一條半圓弧形小道從主體建築通往獨立的客房建築。

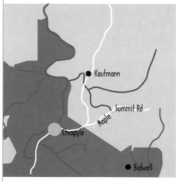

美國賓州比爾羅恩（Bear Run）

落水山莊的每個角落都像是一幅天然的美景圖。

由起居室的石梯拾階而下，可以欣賞一泓清泉流過。

要進入落水山莊必先穿過一座小橋，再走過屋後一條狹窄的通道。入口很小，更凸顯進入起居室時寬敞明亮的感覺。由起居室蜿蜒向下通向溪流的懸梯設計中，結構扮演極為重要的角色。

　　垂直方向的建築元素在這棟別墅中是周遭環境的岩石與建築物上的浮雕，二者的結合形成如雕塑一般的建築物，水平方向的建築元素則使用鋼筋混凝土。屋內的地面和牆面皆由石料砌成，同時鑲以紋理細緻的胡桃木。

　　在這個設計案中，萊特致力於打破建築常規，並給予其想像力充沛的發展空間，完全擺脫對稱、閉合空間、幾何主題或視覺的優先點等建築規則的限制。關於落水山莊在結構上如何得以在瀑布上建造起來的研究進展得相當緩慢，而其他已解決的部分結構問題曾困擾居住者多年。

起居室一景，大片的玻璃窗不但使室內採光透亮，更將窗外的美景帶入室內。

盛開的沙漠之花

——西塔利埃辛別墅 (1938-1959)

1927年萊特第一次遊歷亞利桑那州後，他曾多次強調要返回亞利桑那州並在桑諾拉（Sonora）沙漠地區建造一幢房子，以躲避其住宅所在地威斯康辛州的嚴冬。

　　1937年，萊特決定買下麥克道爾山腳下斯高茨戴爾鎮上的一塊土地。這塊土地位於一座小山頂上，萊特與其年輕的學生們就在這裡設計並建造住宅與工作室合一的冬之屋，稱之為西塔利埃辛。這個建築社群包括住宅、繪圖室、工廠、商店、兩個劇院，周圍環繞著各種花園和綠地。它為建築師、他的家人以及那些組成塔利埃辛工作群的學生們提供住所與工作空間。（塔利埃辛工作群是由萊特和他的第三任妻子歐吉瓦娜，於1932年為建築學學生創設的課程。）

　　這座建築是由沙漠中生長出來的。萊特的學生們共同致力於收集當地的岩石和砂子，以作為西塔利埃辛的主要建材。巧妙運用當地材料，使建築與周圍環境達到完美的統一，即使是色彩的選擇，也強調建築群體與周圍沙漠之間的關係。

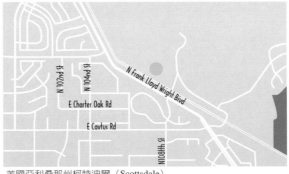

美國亞利桑那州柯特迪爾（Scottsdale）

西塔利埃辛的建材及造景無不與周遭的沙漠風情相結合。

由於萊特不斷嘗試不同形式的建築，激勵他親自設計整合性家具以及單一家具，因為他堅信「獨特的」空間需要「獨特的」形體。

　　西塔利埃辛別墅沿著一條軸線展開，入口與休閒區域分列於軸線兩端。介於兩個端點中間是由工廠、餐廳與盥洗間形成的三角形區域。所有的建築空間都面向經過造景的階梯狀綠地，並可俯瞰高原的景色。幾乎所有的住房都是由萊特的學生所設計和實施，零星地散佈在整塊土地上。

　　建築結構採用厚重的石牆以及以紅杉為樑架的屋頂系統。次樑之間的白帆布營造了萊特追求的營地氣氛，玻璃牆的設計則主要用於加強屋頂。

30 度與 60 度
——佛羅里達南部大學 (1938-1959)

這項工程包含一組有序,但呈不對稱方式排列的建築物。這一次,萊特回到早年的主題,在結構和裝飾上都顯示他對三十和六十度角的偏愛。

美國佛羅里達州湖地(Lakeland)

McDonald St

S Ingraham Ave

N 10zon St

Lake Hollingsworth Dr

LAKE HOLLINGSWORTH

進入菲佛禮拜堂時,要先穿過一個以交疊並列形式建造的混凝土結構物。禮拜堂本身由一個雙三角體構成,外形則像一顆以玻璃和混凝土為材質的鑽石。魯克斯圖書館是禮拜堂的附屬部分,其設計也是以鑽石形圖案為主。行政大樓由兩幢建築構成,透過介於兩者之間的庭院合為一體。大面積的草坪設計既能使學生們放鬆身心,又可以整合這一系列的建築群。

複雜的設計使大學建築群的興建延遲了許多年。因此各

菲佛禮拜堂，這座建築物四周牆壁並沒有窗戶

個建築物完成時間不一，零散卻和諧的分佈於各
區，屬於萊特標誌的線條和材料的特色均鮮明的體
現在所有建築中。金屬、玻璃、幾何形式的門窗以
及透光的花格有效地柔和了混凝土的堅硬，牆壁和
柱子上的繪畫和圖案營造出建築實體的動態效果，
這在堅硬的混凝土建築是很不尋常的。建築物的灰

校內通往各系館的半露台走道

色調則因花園中的紅色和其他明快顏色的運用而
得到平衡。

　　佛羅里達南部大學建築群，使萊特有機會將
他的創造力集中在一遼闊的土地之上營造城市景
觀。他完全知道該如何利用這個機會來建構一個
全新的城市。

今天穿新衣
——莫里斯禮品商店(1948-1950)

萊特以此作品證明沒有精美櫥窗的商店一樣也可以吸引人們的注意力。與其他設計不同的是，這座建築是改建位於舊金山狹窄巷弄間的舊倉庫而成，並非依設計草圖而新建的作品。

建築的立面完全由依水平方向鋪設的磚塊所造成，使它自周圍的建築物中脫穎而出，而營造出比玻璃牆面更令人震撼的效果。不對稱的拱門既能使顧客看到店內全景，更讓他們產生受歡迎的親切感。玻璃和水晶的運用使人注意到實體與透明交替的趣味。顧客沿著一條小路進入室內，牆壁和拱頂綴滿燈光，沿途變得越來越微弱。

立面收斂而不失莊重，進入商店內部則是寬敞的空間。不同形式的動態交互作用，使內部突破外觀立面給人的厚重感。連接底層和二樓的螺旋式坡道，依動態的線條使空間隨著圓拱以及其他各種曲線得以延展。此一設計繼承了古根漢博物館的風格，（古根漢博物館於1943年即已開始籌建，只是完成的時間較晚），在博物館的設計中，萊特首次運用內部

美國加州舊金山

坡道作為設計的中心元素。天花板上裝飾著具立體感
的圓凸形燈飾與塑膠吊棚，呈曲線狀的牆面則裝飾以
鏤空和牛眼大小的圓形燈飾。一個混凝土花籃從天花
板上懸垂下來，與天花板的圓凸形狀互相呼應，從樓
上與樓下都能看到。

　　應客戶的要求，萊特專門設計特製的家具，由曼

在萊特的作品中，似乎進行著一場各種比例之
間，如劇場般的空間對話；他接合不同的環境
空間，並儘量減少當中的阻隔。屋頂用來連接
各個空間，但同時能保存自己的個性，從而使
自己與整體建築區隔。

紐爾・桑德威爾公司製造，優美地陳列於商店中，等待出售。椅背處具有靠墊的圓形扶手椅和半圓形桌子使得顧客選擇貨品時更覺方便與舒適。

　　這個設計案完工後，莫里斯家族又委託萊特再設計三幢住宅，但最終都沒有完成。今天，這間商店內設有一個藝術展覽廳，使大眾可以進一步瞭解萊特傳奇一生中的一個重要部分。

室內也有如古根漢博物館的斜坡道，盤旋而上。

藝術與空間的迷人對話
——古根漢博物館（1955-1959）

這個作品使萊特的事業達到頂峰，更得到全紐約的尊敬，在這之前紐約的傳統是不信任基於西方革新的芝加哥學派。古根漢博物館採用一種連續、緩緩上升的螺旋曲線，大膽地打破傳統博物館所採用的線性矩形空間模式，而博物館與城市的關係則又是另一個創新表現。萊特設計了一個螺旋體，一個朝向周圍城市開放的空間，同時清晰地展示內部結構。萊特的構想是使參觀者可以乘電梯上升至最上層，然後再沿著可以俯視庭院的坡道慢慢走下來。經由這種方式，參觀者可以從任一樓層乘坐電梯，最後到達底層的展覽結尾處，而出口也就在前方。古根漢先生很喜歡這個創意，一直到 1949 年去世之前，他始終全力支援萊特的設計。儘管如此，因場地條件與博物館計劃的改變，以及不斷上揚的建材費用而延宕了工程計劃。除了一些收尾的細節，博物館最後剛好在萊特去世前完工。

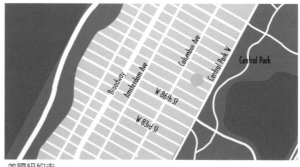

美國紐約市

古根漢博物館的螺旋曲線，打破了傳統博物館所採用的線性矩形空間模式，而博物館的開放空間與城市的關係則又是另一個創新表現。

極富藝術家特質的環形線是博物館引起爭論的另一個焦點。一些藝術家強調傾斜的牆壁和坡道不能很好地展示繪畫作品。萊特回答，正因為牆壁輕微傾斜，更可以改善視角和光線，從而提升欣賞繪畫作品時的視覺感受。這一幢具衝擊力的建築作品不僅是五花八門的藝術作品收藏處，建築物本身也同樣是一件傑出的作品，促使收藏品與收藏空間之間發展出抽象而迷人的對話。

當萊特每次被問及那一幢建築是他的設計中最重要的時，他總是回答：「下一個。」或許，我們可以推論他最後的設計——古根漢博物館即是他一生中最重要的成就。

輕微傾斜的牆壁可以改善視角和光線，
從而提升欣賞繪畫作品時的視覺感受。

在缺陷之上
——馬林郡市政中心（1957）

萊特在接手第一個、同時也是唯一的一個由政府委託的設計案之前，他已經是一位極富聲譽的建築師。這個設計案是位於舊金山市北部桑·拉法爾的新市政中心。萊特將建築地點選在一個有湖泊與小山的大型公園內，將市政中心嵌入地形上有缺陷的地方。

美國加州桑·拉法爾

　　周圍的風景非但沒有使萊特受到限制,反而啓發他的靈感。使小山丘環繞著建築物的兩個側廳的手法,即可以明顯看出萊特把環境因素融入設計中。其中一個側廳為行政部門所用,另一個則成為郡政府辦公室。從兩個側廳都能看到建築內部的花園,也能看到外面的湖泊。

　　與其他辦公大樓不同的是,馬林郡市政中心採用人性化的比例,並和周圍的環境與自然形成的經常性的參考照應關係。這個特點也清楚的表現在建築內部:兩幢主樓之間由一條以玻璃為屋頂的長廊所連接,長廊二旁則為美麗的自然風景。

　　建築物的外觀俏皮且充滿活力,這在其他官方政府建築中是

很少見的。萊特在結構與裝飾的組合中加入圓、半圓以及球體形式，使建築外觀的曲線更形突出。正如萊特自己所說，裝飾成為整個建築中不可缺少的一環。拱和窗子在不同樓層的比例變化，使得建築物外觀產生富有動感的視覺節奏，中央內部的庭院則扮演所有樓層交流中心的功能，同時也是周圍各辦公場所的地理中心。辦公空間的牆壁與隔板是活動的，因此可以與其他部份形成不同的空間。而鋼鐵材料與混凝土因使用於不同位置，再加上它們自身色彩的變化，使得運用它們的方式極為和諧一致。

馬林郡市政中心的長形空間，中央是筆直的中庭，大頂是挑高的大窗，陽光自在
灑入，中庭是各政府單位的辦公室，而一端的圓形屋頂下則是一座圖書館。

建築與藝術

萊特 與 歐姬芙

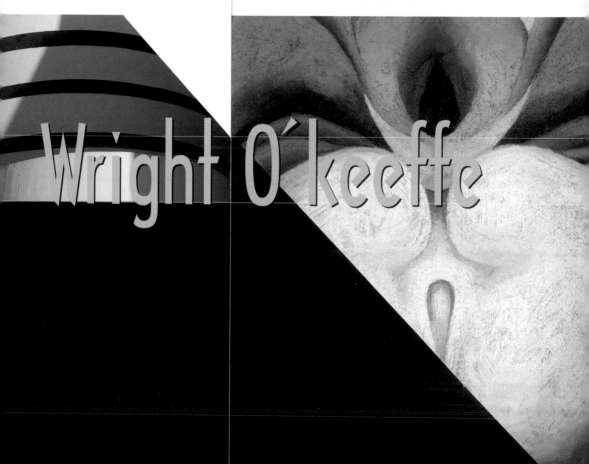

Wright O'keeffe

風景──浪漫主義與
生動獨特

喬治亞・歐姬芙繪畫作品的風景呈現的是原始狀態的自然，它從未被人類所觸碰過：就如同環繞在萊特作品周圍的花園，同樣是保留自然特性的景觀。為使建築物與自然和諧，萊特追求英國浪漫主義傳統的風景園林，歐姬芙也同樣遵循浪漫主義式風景繪畫風格（以卡斯帕・大衛・弗里德里希為代表, 1774-1840）。

《喬治湖的藍》，1926年，布面油畫，45.7 × 76.2cm。

　　在落水山莊、草原式住宅，甚至在他的城市設計專案中，可
以明顯地看出萊特的設計動機是來自他想要融合開放空間的渴望
——運用大量的植物與住宅的室內空間，並以窗戶區隔兩者。在
他的許多設計圖中，他都畫了大樹和蔥鬱的花園，他對植物的規
劃就如同對建築物一樣用心，由此即可看出植物在萊特設計中的
重要性。萊特對自然的崇敬無疑是他對家鄉威斯康辛州茂密森林
之愛的延伸。而他對植物世界的尊敬，尤其是對大樹的偏愛，則
是來自家鄉景物的薰陶，同時也受日本與歐洲崇尚大樹的影響。
這一個原則包括充分利用已經存在於建築基地中的樹木，於塔利

埃辛數次擴建的過程中，萊特的設計總是一座被大樹所環繞的房子——即使是當時基地上已沒有樹木，而這些樹木必須由外地引進；萊特對樹木的運用就如同是對建材的使用一樣，完全是個人風格使然。這意味著在本質上自然是建築師設計中的一部分，一棵百年老樹可以出現在原本並不存在老樹的設計圖上，就如同一棟房屋也可以被建造在原本空無一物的基地。

　　這種視自然為建築設計本身一部分的做法（現在稱為景觀設計），不僅來自萊特所稱許的早期自然保護主義，這個傳統早在十八世紀晚期就已經出現，在某些地方甚至出現得更早。例如風

　景繪畫並不意味著原封不動的把自然的景物放在畫布上，畫家心目中的風景是更優美的，所以他在原本並不存在樹木或瀑布的地方創造一個理想的風景。這種想法不久後也傳入建築界，於是建築師們開始設計具有自然氣息的花園，儘管一切都如繪畫構圖一般仔細地計算過。其中最有代表性的人物是卡爾·弗里德里希·敘恩克爾（Karl Friedrich Schinkel, 1781-1841），他是普魯士國王的御用建築師，貴族出身，在波茨坦以及柏林郊區設計許多附有大型花園的莊園，花園上的每一寸土地都精心設計，樹木栽種的位置也經過事先完密的規劃，以致於多年後二排蒼鬱的大樹將會成為莊園入口的標誌，而另一棵樹則剛好位於行宮塔樓和遠處教

堂尖頂之間的直線上。

　　十九世紀末與二十世紀初，當年輕的萊特正於建築界漸漸嶄露頭角時，這些理念雖然稍顯過時，卻已廣為人知。萊特在設計中運用自然元素的熱情顯得非常突出，因為與他同時代的歐洲建築師們把所有的希望和夢想都投注在建造大城市，而這些與萊特的理念相去甚遠，因為在他的國家裡有更多未被開發的處女地。

　　喬治亞・歐姬芙與浪漫主義的聯繫，以及她在工作中從樹木和自然中得到的樂趣雖與萊特完全不同，但同樣是源於一片尚未被人類觸碰過的土地。歐姬芙對大型景觀產生興趣之前，她在藝術的探索則開始於對小自然物品（比如花、樹以及貝殼）的迷

普萊斯別墅

《我的前院，夏天》，1941年，布面油畫，50.8×76.2cm。

戀。與自然的溝通是她創作的基礎之一，創作時她希望自己能與作品合而為一。俄國藝術家康丁斯基的理論以及東方美學與東方藝術理論對這種感受的培養產生重要的作用，但歐姬芙的作品更流露出與西方風景繪畫的明顯聯繫。

在歐姬芙的美國，未開發的自然景觀是一種存在的事實。一次旅行意味著經歷一個完全未知，或者只能透過黑白照片或百科全書才能了解的地方。從這個角度來說，探索一塊未知的土地，就如歐姬芙駕著那輛舊福特車馳行在新墨西哥州沙漠的旅程，是真正的冒險，當中充滿美與驚喜。歐姬芙描述她的第一次南部之旅時，其中深刻的情感使浪漫主義再度顯現。浪漫主義不僅是當時的主流思想，它現在也依然存在，對浪漫主義而言，暴風雪和映有夕陽餘輝的風景都同樣是雄偉壯觀的代表。

　　萊特不斷地改建塔利埃辛，就如他對其他所有的住所一樣，儘管如此，即使經過那場不幸的大火之後，他仍然儘可能的尊重原有環境的現況。同樣的，在很多其他案例中，萊特將現存的樹木與即將建造的住宅結合於一。圖中位於兩層平臺之間的大樹標識同時也連接上下兩層的石階，樹上掛著一個日式的大鐘。是用以召喚住屋的居民們前來用餐的，這是威斯康辛當地農民的習慣。

　　萊特不得不建造一個扶牆以支撐這棵大樹。石階以對角線連接兩層平臺，與建築以及周圍環境融為一體，站在石階上可以眺望兩排相互垂直，並為平臺所圍繞的廂房。萊特一直十分關心他的建築物與環境的關係，這一點體現在那些可以眺望花園的大窗戶上。

《無名（白楊樹）》，1945 年，
板面油畫，61.6 × 50.8 公分。

　　歐姬芙一生中描繪許多從各種不同視角所觀察的樹木形狀。創作時，她想要與樹木合為一體的希望使得她脫離周圍的環境，並把所有注意力集中在當下她所關注的對象。她的構圖呈現裁切式的特點，很少出現完整的物體，在某種程度上以形成抽象的視覺效果，迫使觀象的注意力集中在主題的某些特質：體積、色調以及表面紋理等。

古根漢美術館

有機形體
—自然與抽象

喬治亞‧歐姬芙和法蘭克‧洛伊德‧萊特同樣堅信，在他們整個生涯裡，直接觀察自然是最好的靈感源泉之一。然而，這樣的觀點並沒有使他們完全抄襲自然世界；相反的，他們將現實世界內化於心，創造出極為個人化的世界，通常傾向於抽象性的形式。

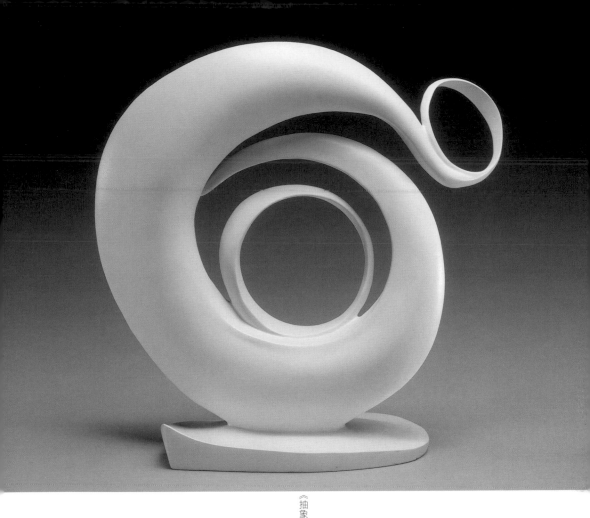

《抽象》，1979-1980年，白漆銅器，25.4 × 25.4 × 3.8cm。

莫里斯禮品商店

弗里德里希 · 弗勒貝爾（1782-1852）所發明的一種積木遊戲對萊特的能力培養產生了重要的作用，而萊特一生中也經常提到這一點。積木包括一套有規則形狀的小木塊，透過小木塊的組合而形成不同的形狀，而遊戲原則是重複某個簡單的組成單位。積木遊戲裡的理性似乎與萊特其他的宣稱有些矛盾，比如他認為自然是他的靈感來源。但是對萊特而言，自然與童年時代的積木遊戲都是相同世界的一部份，因為任何具有理性規則外形的物體均可以拆卸成不規則的形式，而反之亦然。儘管莫里斯禮品商店建築含有表面凹凸不平的門廊和底端很細的柱子，但對萊特來說，

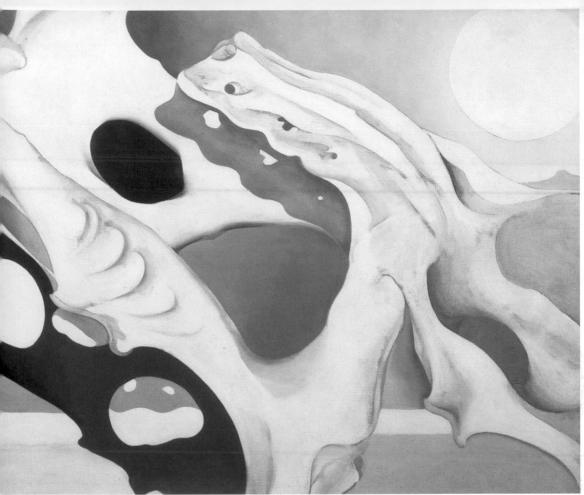

簡單的圖形是透過視覺即能理解的。

　　萊特從未想要屬於任一建築派別或潮流，但他的設計確實與有機建築的概念最接近。他不喜歡被貼上標籤，如果有機會他也樂於不斷創新，但是，他並不反對將他的建築視為自然延伸的說法。他感興趣的是如何把房屋建造的舒服並適合居住，使居住於內的人民能夠以家族或社團的形式發展。這種想法決定萊特的思考──建築與自然的聯繫是必不可少的。綜合萊特對自然界的生活，對建築材料不斷

《盆骨與陰影及月亮》，1943年，布面油畫，101.6×121.9cm。

古根漢美術館。

的創新以及他童年對簡單外形玩具的記憶，最珍貴的是他漫無邊際的想像力，這些的混合作用，使得他的許多作品看起來如同是絕妙而適於居住的雕塑。在這些建築中，窗戶和或家具以最不可能的形象出現，並與簡潔的牆面或是花園中的一棵大樹互相烘托，但最使人印象深刻的，則是各種奇形異狀在建築物內的和諧，它們如此的獨特，卻又能與周圍自然或人為的環境合為一體。

《白花和藍花系列Ⅰ》，1919年，
板面油畫，50.4 × 40cm。

　　歐姬芙在她藝術生涯的各個階段都嘗試過抽象藝術，但也未曾放棄過表象世界。身為畫家，她對存在於自然形態中的抽象形式極感興趣，但從來不涉及抽象本身，即使在她最抽象的作品中也總是以一個真實的物體作基礎，而在她所有的作品當中，真正的抽象畫頗少見，其中之一則精確命名為《抽象》（1946）。它是

莫里斯禮品商店內坡道頂端的視窗使得上下的樓層間產生一種視覺聯繫。透過這種簡單的內部圓窗，萊特創造出非常特殊的視覺角度，將坡道與一樓的許多部份連接起來。

連接兩個樓層的圓形坡道是商店的中心元素。萊特在坡道中央高起而寬敞的開放空間，設置一個懸吊式圓盤，裝飾以小型植物與燈。這些元素看來似乎多餘，但實際上它們與店內的其他陳設一樣，是非常實用的。

《紅色和橘紅色的美人蕉》，1926年，
布面油畫，50.8 × 40.6cm。

在歐姬芙的許多作品中，例如這幅《紅色和橘紅色的美人蕉》，觀賞者第一眼很難辨認出畫中的物體。辨認出畫中的物體前，觀者首先注意到的是色彩和抽象的形狀。歐姬芙在許多作品中，無論是花、骨骼還是一些風景繪畫，都很明顯得表現出她觀察以及突顯自然事物形狀的興趣。

莫里斯禮品商店

歐姬芙少數幾件雕塑作品之一，以黏土製成，線條清晰，儘管是以抽象的形式出現，但它與自然界的相似之處卻令人震驚。這件雕塑表現的是貝殼或海螺，也可以代表一個活的生物或者牠的運動軌跡。雖然很難找到一個與它直接對應的真實物體，但這是一個視為是自然世界一部分的雕塑。

O'Keeffe

Wright

西部神話
—生活於沙漠

萊特和歐姬芙兩人一生中都有很長時間住在遠離大都市的亞利桑那州沙漠和新墨西哥州沙漠中。山區乾旱，植物稀少，與優美而充滿生命力的花朵形成鮮明對比，而這兩者都是歐姬芙的繪畫主題。在萊特的作品中，同樣的對比也很明顯：西塔利埃辛外觀堅固的特性相對於室內噴泉和小花園的婉約柔和。

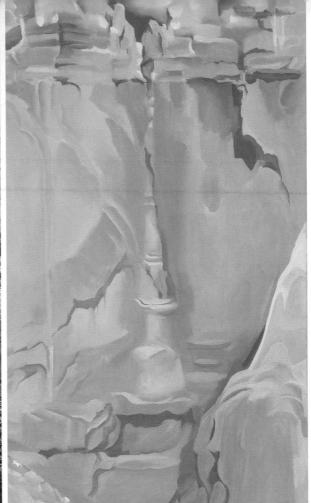

普萊斯別墅

　　美國中西部的沙漠是幾個差異巨大地區的交會地：向南是墨西哥州，北面是大平原（Great Plains），向東西二個方向則通往海濱，每一處都具有其獨特的特性與風情。儘管是一個過渡區，這塊土地的重要性卻不可忽視。它也是美國開發西部過程中的最著名的地點之一，儘管持續開發的時間並不長，但這運動已經成為美國現代神話的一部分。一幅名為《牛的頭骨—紅，白，藍》的畫，即是這一神話的確切表現，並表現她對其中一個象徵的讚揚：一個灰暗的牛頭骨在以美國國旗顏色所構成的背景中顯得十分醒目。歐姬芙以非常簡單的構圖畫來碰

《平頂山和向東的路Ⅱ》，
1952年，布面油畫，
66 × 91.4cm。

觸美國民族深層的潛意識。她使用一個強而有力的流行文化
象徵，並與這個國家的圖像與符號傳統完全融合。

　　萊特和歐姬芙兩人都在這塊土地上度過生命的最後階
段，但並不是以遠離世界的態度居住於此，他們反而更參與
於世界之中：歐姬芙畫出偉大的作品，而萊特也在工作室中
設計許多作品。他們兩人後來都漸漸地適應這裡的水土氣
候：早些年萊特只有在冬天才住到西塔利埃辛，以躲開威斯
康辛州的嚴冬；而歐姬芙也只於夏天才住在阿畢庫伊，冬天
即返回紐約，或者短期停留在喬治湖畔。緩慢適應這塊土地

西塔埃辛以沙漠石塊和混凝土築成
的鐘樓，下方垂掛的是它的標誌。

的過程，都在這兩位藝術家身上留下相對應的痕跡。對於萊特來說，一開始只是出於健康的需要，慢慢地竟然轉變成個新的夢想；此外，這裡也與他所有的房子一樣，總是進行著一些改建和擴建的工程。萊特與這片沙漠的感情永遠比不上他與東塔利埃辛的深厚感情，東塔利埃辛不僅是萊特早期個性發展的地方，也是萊特的祖先威爾斯家族成長的地方。即使如此，萊特更需要與開放的空間、大自然接觸。就如他的建築一樣，為新環境所接受，並學會如何在其中發展壯大。沙漠中溫差極大，上午十分炎熱，而夜晚又很冷，於是萊特所設計的房屋有一半埋在沙土中，這樣室內的溫度就會低於外面的地面高度，而在沙漠中往往幾英吋的高度變化即意味著巨大的溫差。萊特學習在新環境中生活，被一群學

《火雞羽毛和馬蹄鐵 II》，1935 年，布面油畫，30.7 × 40.6cm。

西塔利埃辛別墅

生所包圍，這一群學生為他工作的同時也跟著這位備受建築大師密斯‧范德羅尊崇的建築師學習。

　　歐姬芙與沙漠之間的關係則完全不同。對這位畫家來說，阿畢庫伊及其周圍環境是地球上最真實的風景之一。她與這塊土壤的感情十分親密，甚至就像當地印地安土著的習俗，她死後的靈魂仍然會守護著這塊完全接納她的土地。在這裡她找到了家，而這裡是任何畫家夢想中的最好畫室：在這個開敞的空間裡，每一天，優美的風景都能帶來新的靈

西塔利埃辛別墅的大窗戶朝向外面的平臺與一片秀麗的美景。由於它的方向只有下午時陽光才直射於上，而此時氣溫已稍為下降。窗戶被分成上下兩層，在不減少進光量和可見度的情況下，有效地緩和氣溫的提升。

西塔利埃辛的設施必須能對抗沙漠地區上午的酷熱和夜晚的寒冷。這些羊皮墊不僅是椅子的襯墊，也有極好的禦寒作用。萊特在設計西塔利埃辛時，已考慮到沙漠地區的溫差，以使在這種環境的生活可以更加舒適。

《馬里山内地I》，1930年，布面油畫，50.8 × 60.9cm。

歐姬芙的風景畫中幾乎看不到人的影跡，遠景是這些風景畫的精髓。歐姬芙的畫與寫實繪畫不同，她從不拼湊不同地區的自然風景，更不簡單的臆造，她要抓住一個特殊景觀的特質，抓住它的本質，而且她通常忠於所看到的現實。強烈的日照與沙漠光線的劇烈變化使色彩變化也非常鮮明強烈。由於歐姬芙對荒涼景物中強烈色調的變化深深著迷，因此居住於這樣的環境中對她而言實在是再合適不過了。

感。 1946年歐姬芙的丈夫去世後，她決心在阿畢庫伊與幽靈農場（Ghost Ranch）定居。和萊特的情況一樣，這一決定使她步入生命的新階段，無須忘記過去，就能保持創作狀態。在她生命的最後階段中，即使已雙目失明，又被迫放下畫筆，但她仍然與這片家園十分親近。當她既看不見也不能作畫時，她曾捏製陶器一段時日，與印第安土著的風俗一致。

遠離歐洲───新的傳統

斯多里別墅。

《天井中Ⅲ》，1948 年，布面油畫，45.7 × 76.2cm。

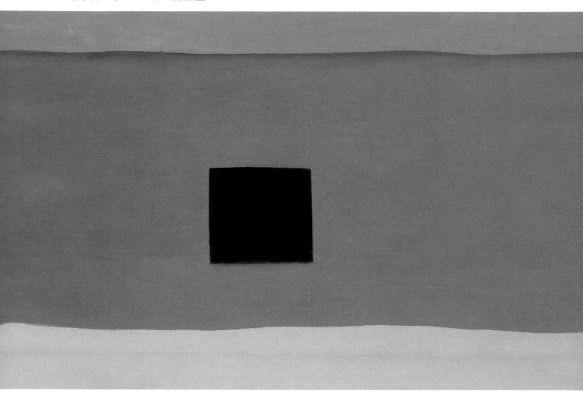

　　萊特一直與日本文化維持著緊密的關聯，它是萊特作品中空間概念發展的基礎。萊特對各種建築傳統都很感興趣，從古根漢博物館中所出現的古巴比倫神塔到斯多里別墅中的阿拉伯鏤花格子都顯示出他對傳統的吸收與運用。遠東地區的文化對歐姬芙的作品也有同樣強烈的影響，這種影響特別表現在她對色彩的處理以及表現體積和空間時所採用的樸素和純淨。

漢那別墅一角，上面有萊特的簽名。

《保羅的卡齊納》，1931年，圓板面油畫，直徑20.3cm。

當萊特設計第一幢草原式住宅——溫斯洛別墅（1893-1894）時，就引入他的一個重要創新——不受分隔空間阻隔的、寬敞的日常活動空間。在興建溫斯洛別墅的前一年，萊特參觀哥倫比亞展覽中心（位於芝加哥）內一座再造的日本寺廟。從此，他對給予他深刻衝擊的文化產生很大的興趣，並開始收集日本藝術品以及有關日本文化的書籍。日式建築，對萊特而言是一種全新的建築，在它的影響下，他開始設計使室內空間更大的建築，也被迫去面對與解決各式各樣的技術難題。在那時候，牆壁

仍然是支撐屋頂的作用，而萊特的大窗戶與減少內部空間分隔的想法卻導致結構上的問題。於是，他把與沙利文一起在芝加哥工作時，為建造大型建築而採用鋼筋混凝土和鋼樑的方法，應用於家庭式的兩層建築之中。為了在分配空間和牆壁時有更多的自由，萊特開始利用樑柱以支撐屋頂。萊特在日本建造帝國飯店時（1915-1923），日本文化對他的影響更是逐漸加深。帝國飯店在日本備受好評，但只有一小部份遺留至今。萊特的作品在日本很受歡迎，然而他在日本建造的六幢建築中只保存了三幢，

佛羅里達南部大學內的菲佛禮拜堂中央塔頂上的玻璃，
將天光自然而然的引領而下。

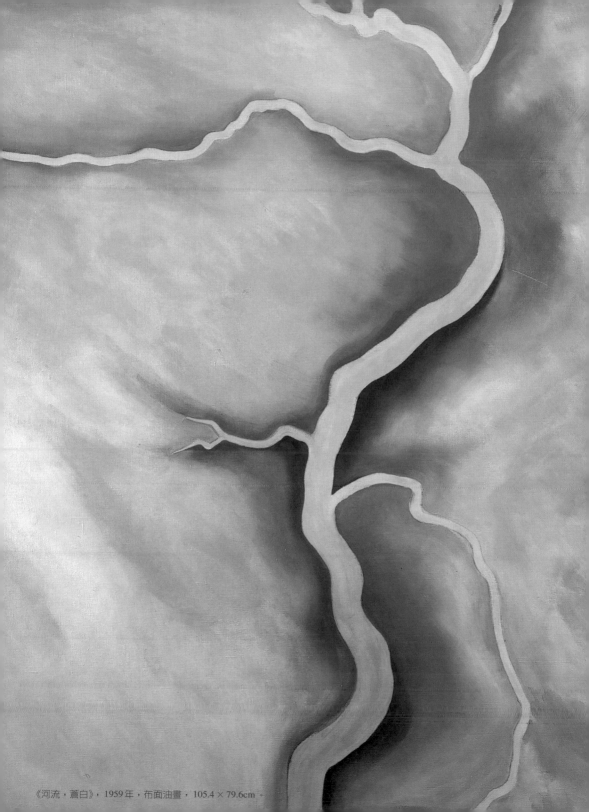

《河流，蒼白》，1959年，布面油畫，105.4 × 79.6cm。

除了遠東文化的影響，萊特從不排斥吸收各種不同文化中的建築技巧和方法。他在斯多里別墅（1923）的設計中所使用的「紋理磚」，是使用預製混凝土磚的技術性嘗試，其根源是來自於阿拉伯式的鏤花格子。位於紐約的古根漢博物館中倒過來的螺旋梯則來自萊特非常喜愛的古巴比倫神塔，1957 年他甚至想把這一個元素運用在巴格達歌劇院的設計上。

普萊斯別墅室內。顏色、光線與陰影是萊特建築的特點，藉由它們萊特得以設計私密、明亮的空間，產生具獨特個性的環境。

中國與日本的美學思想對歐姬芙的藝術創作同樣有極其重要的影響，她的一些作品，即是產生於她對日本傳統的諾特（Notan

在西方的傳統，支撐物與屋頂之間的關係往往是清晰可見的，而在日本的傳統建築結構中，支撐物並不直接支撐整個屋頂，而是由柱子中央的撐木完成此一功能。萊特在幾個建築中都使用這個元素，例如普萊斯別墅內的花園（1954）。柱子之間可以移動的牆壁是非常典型的萊特設計特點，它使得花園的面貌可以在幾分鐘內完全改變。從內部花園到室外花園的轉變完全取決於牆壁的開或合。

位於附有拱頂廊庭院中的大型中央噴泉是地中海建築最著名的特色，被廣泛的運用於希臘羅馬式、阿拉伯式以及後世的建築當中。未經修飾的圓形噴泉，較貼近地面，容易使人聯想到阿拉伯式的噴泉，而噴泉位於庭院的位置更顯示它並不從屬於其他空間的重要性。

《任何》，1916年，板面油畫，50.8×40.0cm。

歐姬芙的早期作品中，色彩的重要性就是繪畫的一切。但是對於形體簡約化的追求，暗示著畫家要以一種完全不同於現實主義的態度來領會自然景觀。儘管抽象派藝術創始人康丁斯基的試驗對歐姬芙產生強烈的影響，但她對完全的抽象不感興趣，她總是與現實主義保持著一定的聯繫。

）光影理論的分析與淨化而來。她同時也一直對東方繪畫傳統感興趣。

她對日本審美理論的認識雖不如萊特直接，但是曾經在崇尚中國和日本文化的環境中受藝術教育。她的老師，同時也是藝術家與設計師——亞瑟·衛斯理·道就鼓勵學生們去瞭解不同文化的藝術理論，向歐姬芙推薦厄尼斯特·費諾羅撒的著作《中日藝術的世代》（Epochs of Chinese and Japanese Art, 1912）。這本書也曾影響詩人以斯拉·保恩德（1885-1972）和其他一些人，有助於瞭解在美國流傳的東方審美理論。

Wright
O'keeffe

花卉畫家

喬治亞·歐姬芙

Georgia

O'keeffe

創造「新的經典」
——歐姬芙 （Georgia O'Keeffe, 1887-1986）

喬治亞‧歐姬芙是美國二十世紀最重要與最具影響力的畫家之一，不僅是因為她的作品在一九二〇年代被少數當代藝術品收藏者和專業人士認為是極具創新精神，也因為七〇年代美國著名的博物館舉辦大型的歐姬芙作品回顧展，更激起一般大眾對她的興趣。歐姬芙最著名的作品是以花朵局部特寫為主題的大型布面油畫，這些花朵局部特寫的形象並不真實，更接近抽象繪畫。隨著時間的演變，歐姬芙作品的主題和興趣則越來越多面。

　　歐姬芙的多數油畫作品都存在某些特別的共通性，使得她的作品在那個時代顯得格外新奇。她的作品常以近距離和缺乏參考點的背景表現主體物，突破西方繪畫法則典型的比例和透視手法。許多她的風景畫乍看很像抽象畫，以線條與色彩簡單的描繪景物，但是很難辨識景物的實體為何。對於歐姬芙來說，最具有聯想、最不可思議的形體就在自然事物中，一個人只要仔細觀察他們，就可發現當中的神奇。

　　喬治亞‧歐姬芙被認為是美國藝術史上最重要的人物之一，是二十世紀的一個「新的經典」，1887 年出生在威斯康辛州陽光草原。 1905 年高中畢業後，歐姬芙被芝加哥藝術學院（Art Institute of Chicago）錄取，兩年後進入紐約藝術學生聯盟（Art Students League）。這時，她開始質疑自己的能力，因為沒有人願意認真對待一個想成為畫家的女人。 1908

《懸崖局部》，1946年，布面油畫，
91.4 × 50.8cm。

年，她放棄紐約的學業，回到
芝加哥並成為一名設計師，有
好幾年她一直沒再動過畫筆。
1912年，她接受德州亞馬瑞羅
地區一所公立學校的「繪畫教
師」工作，這個決定改變了她
的一生。廣袤的德州風光在她
身上產生深遠的影響，因為與
世隔絕促使她得以整理淨化自
己的思想。慢慢地，她開始有
了與繪畫有關的意念，這時她
也開始在維吉尼亞大學過暑假
，亞倫·貝蒙特教授（是亞
瑟·衛斯理·道的學生）向她
展示，繼承和學習東方藝術理
論的可能性，比如諾特——傳
統日本處理光影的手法，以簡
單駕馭一切的手法。1914年
末，歐姬芙返回紐約，跟隨亞
瑟·衛斯理·道學習。除了完
成藝術學業之外，她還研究中
國與日本藝術暨詩歌專家厄尼
斯特·費諾羅撒的著作《中日

藝術的世代》，而漸漸瞭解東方的藝術理論與審美思想。研究結束後，歐姬芙受邀到南卡羅萊納州的哥倫比亞大學授課，因此結束亞馬瑞羅的教師工作。新工作給予她許多空閒時間以及可供她隨意支配的資料與工作室，就這樣，她又開始規律地畫畫。

兩年後，喬治亞‧歐姬芙的朋友安妮塔‧波利茨把她的作品介紹給阿爾弗雷德‧斯特利茲（1864-1946）。斯特利茲是一位攝影家兼藝術品商人，也是291畫廊的擁有者，更是歐姬芙和曼哈頓其他畫家的偶像。一開始斯特利茲被歐姬芙的作品吸引，但並沒有很強烈的熱情，後來他成為歐姬芙最強烈的支持者，鼓勵她繼續作畫。1918年，他們確立多年前即已開始的關係——他們生活在一起，人們把這件事當作醜聞，因為當時斯特利茲尚未與妻子離婚。

許多年來，斯特利茲夫婦位於喬治湖的家，是他們共度許多個夏天的地方，也是畫家的繪畫靈感源泉。她在紐約時開始繪畫花朵系列，這些畫不但使她成名，也使她得以賴以為生。1928年，花朵系列的其中一幅畫竟以高達25000美元賣出。

二○年代末，歐姬芙想再回德州，以體驗新的領域，但是六十四歲的斯特利茲卻興趣缺缺。最後，1929年夏天，歐姬芙獨自一人去了新墨西哥州的陶斯（Taos），那裡天空晴朗、日照強烈、色彩鮮艷以及氣候乾燥，這一切都使歐姬芙為之深深著迷。她以沙漠為繪畫主題，從此，她每年夏天一定要到新墨西哥州探索新的地域。她買了一輛A型福特車，學會開車之後（學車的過程對她來說並非易事），歐姬芙將它改裝成為一個小的機動畫室，這樣她就能隨處作畫。1936年，她第一次來到幽靈山莊，山莊成為她最喜歡的地方之一。1940年，她買下幽靈山莊的一幢房了，五年後，又在阿畢庫伊買下一幢房子。斯特利茲於1946年去世後，這兩個地方即成為她的固定住所。

她在幽靈山莊和阿畢庫伊度過生命的最後時日，並與這塊土地及其風土人情建立深厚的感情，她的事業——藝術家——也於此得到鞏固。1962年，歐姬芙被選為全美藝術與文學學院院士，這是美國授予畫家和文學家的最高榮譽。

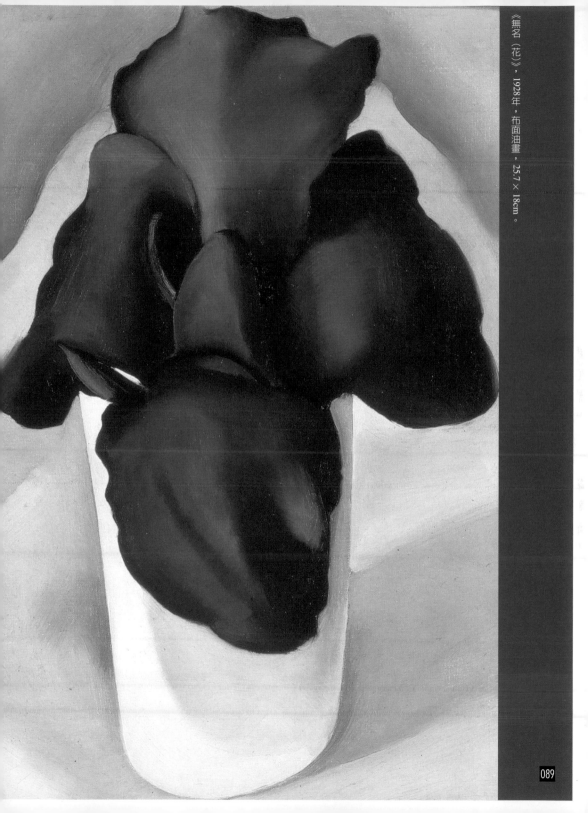

自然與情感的融合
——《紅色的風景》

《紅色的風景》和《任何》這兩幅油畫顯現藝術家早期對於風景畫的興趣和獨特的視角。

歐姬芙從小就知道自己擁有敏銳的感受力,她可以察覺花朵細微的色彩變化,她周圍的其他人無法注意到的細小變化,對她來說卻是非比尋常的美。這種觀察力對她的工作方法非常重要,因為當她仔細研究一件事物時,她常想要將它畫下來,這個過程使她更敏銳地感覺這個事物。透過東方藝術和康丁斯基的著作《關於藝術之精髓》(Concerning Spiritual in Art,1910年)——融合自然並藉以表現藝術家情感的訓練——並結合歐姬芙本身出奇的觀察力,使她在1920年代中期形成獨立的風格,並暗示即將來臨的偉大風景畫。在這兩幅作品中,歐姬芙的風格特點:抽象空間以及簡單而精確的形體已經表現得很明顯,但真正的焦點還是她的色彩運用。在《紅色的風景》和《任何》中,首先使觀賞者眼睛為之一亮的即是鮮豔活潑的色彩,紅與綠,兩種對比色的組合主導整個畫面。十九世紀末的印象派畫家們在探索以表現精密細緻形體的藝術時,發現這個顏色組合。

《任何》,1916年,板面油畫,50.5 × 40cm。

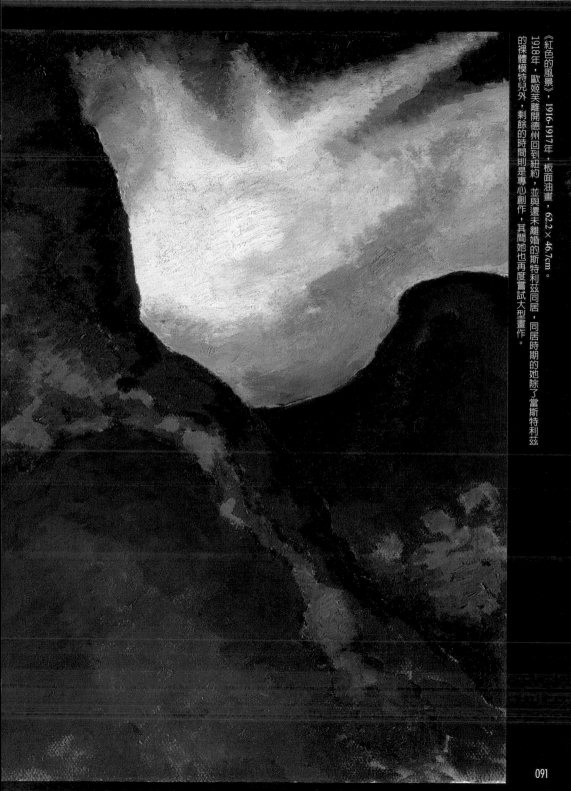

《紅色的風景》，1916-1917年，板面油畫，62.2×46.7cm。

1918年，歐姬芙離開德州回到紐約，並與還未離婚的斯特利茲同居，同居時期的她除了當斯特利茲的裸體模特兒外，剩餘的時間則是專心創作，其間她也再度嘗試大型畫作。

花與女性的親密關係
——《白花和藍花系列Ｉ》

早在青少年時期，當成為一個畫家仍是歐姬芙遙不可及的夢想時，她就想要描繪日常生活環境中與人們關係密切的事物。花卉是生活環境中最吸引她的事物之一，而多年後她以花卉為主題的作品也使歐姬芙名聲大噪。她的花卉作品在藝術史上有非常重要的地位，因為表現手法很獨特：一個單獨的物體佔據整個畫面，並漠視傳統的透視法則。而她的花卉作品更是代表這個主題勝利的第一個例子，也成為美國繪畫與藝術的特點：從觀察日常生活中看似平凡的生活實體，並將它轉變為值得藝術創作的主題。歐姬芙的非凡之處在於她使她畫的每一朵花都很特別，她從簡單的花朵了解自然，並從看似本質的地方描繪花卉所有的複雜性。自二○年代末期以來，歐姬芙的作品在291畫廊展覽過多次，人們開始喜歡她描繪的花朵。當這些花朵作品被詮釋為女性生殖器時，歐姬芙作品所流露的感官色彩引起不小的騷動。她的代理商，同時與她保持多年親密關係的斯特利茲，從未否認過花朵作品的象徵意義，因為他知道在藝術界一點小醜聞對藝術家而言總是有利的。從斯特利茲為歐姬芙拍攝的一組照片（其中包括許多裸照），不僅強化斯特利茲與歐姬芙沒有遵守當時社會禁忌的神話色彩，更把喬治亞‧歐姬芙塑造成一位迷人且具創新能力的天才，她既是藝術家，也是繆斯。

　　儘管她的抽象手法和花朵系列作品很容易使人與當時流行的類佛洛伊德學說和色情字眼產生聯想，喬治亞‧歐姬芙依然全心全意的描繪花朵及其與花朵有關的廣闊世界。

《無名（罌粟花）》，1926年，布面油畫，15.2 × 20.3cm。

由於當時佛洛伊德學說的盛行，以及斯特利茲舉辦畫展時有意的策劃宣傳，因而造成許多人只意會到畫中的性象徵，將歐姬芙的花畫作當成了異色畫。

簡單的極致變化
——《我的秋天》

1920 年代末期及 1930 年代，歐姬芙除了創作花朵系列，還繪製許多以葉子為主題的作品，致力於挖掘每一題材的獨特性並專注於顏色變化與飽和度的運用。在她頻繁走動於斯特利茲在喬治湖的別墅那幾年，她的許多創作基礎是那裡絢麗的景色和自然環境。她也是在這裡，養成散步時收集樹葉並隨後在別墅裡將它們畫下的習慣，這些葉子成為歐姬芙另一個系列的主題。

誇張的尺寸是這些油畫給觀賞者留下的第一印象。這些放大後的葉子，擁有多變的外形和色彩，變得極為迷人。為了更強調葉片大小的變化，歐姬芙創造兩種完全不同類型的樹葉繪畫：她把單一葉片置於畫面中央，強調物體及其獨特性；有時她也畫些成族的葉片，凸顯它們作為一個整體時顏色的多變性，時而接近抽象畫邊緣，時而看似花瓣。

隨著到德克薩斯州沙漠的旅行日漸頻繁，歐姬芙漸漸地放棄以「葉子」為主題的創作，而更關注沙漠和沙漠動物的骸骨，這些成為激發她想像力與創作激情的另一類自然事物。

《橡樹葉》，1923 年，板面油畫，25.4 × 19cm 。

《我的秋天》，1929年，布面油畫，101.6×76.2cm。

水平方向的撼人力量
——《向東的河，紐約 II》

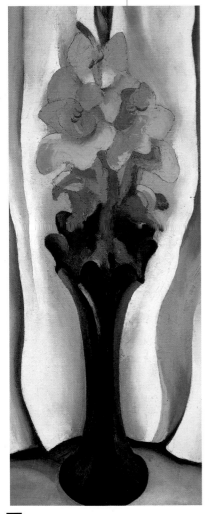

1925 年，歐姬芙和斯特利茲搬進紐約希爾頓酒店十三層的一間公寓，從這裡可以俯瞰城市迷人的風景。在這裡她畫城市景觀，也同樣開始對以城市作為繪畫主題產生興趣。在 1925 年至 1929 年間，城市景觀和大型花卉成為歐姬芙作品主題的重心。

歐姬芙在這一時期的一些作品中，採用畫家查爾斯·希勒（同時也是攝影師）與查爾斯·迪穆斯（斯特利茲的好友）所奉行的精確主義畫風。然而歐姬芙對攝影沒有太大的興趣，她的興趣依然是描繪光線與空間，而不在真實呈現實體與這項新工具上。在《向東的河，紐約 II》這幅畫中，歐姬芙以三個水平方向的長條狀營造出具震撼力的情感力量：第一個黑色長條形色塊是工業建築和街道在天空與背後淺藍色河水的映襯下所形成的清晰剪影。另一長條形色塊是畫面上方，作為背景的對岸，是一團模糊的色塊，僅能辨認出一些代表工業化的元素，有構圖上的框架效果。河流則是第三條帶狀，蕩漾著微光（淺藍色又有點發白的色調，略帶一

《粉紅色的劍蘭》，1920 年，布面油畫，61.2 × 25.4cm。

點黃色）穿過黑暗而幽深的城市。儘管這幅畫帶有現實主義的風格，但也顯現歐姬芙對於隱藏在每一真實物體內之抽象形式的濃厚興趣。

　　無論是從希爾頓酒店觀察的城市景觀還是這一時期的其他作品，在歐姬芙的創作中從沒有出現過人的形象。希勒和迪穆斯的作品也幾乎只有工廠和建築，而沒有市民。這些作品，連同愛德華·胡珀（1882-1967）的創作，共同創造美國大城市強烈的形象，而孤寂和懷舊是城市的傳統也是城市生活中不可避免的一部分。

西部的神祕象徵
——《牛的骨頭——紅，白，藍》

1930 年夏天是喬治亞·歐姬芙在新墨西哥州的第二個夏天，她開始收集沙漠中的動物遺骸。歐姬芙深深著迷於它們的形狀，回到喬治湖後，她首次決定描繪這些骨頭，並把它們引入自己的創作。這些作品後來與花朵系列一樣成為歐姬芙最具代表性的作品。

在早期的作品中，歐姬芙的注意力集中於如何捕捉牛或驢子頭骨的真實形狀，當時她對於描繪真實頭骨的豐富形態的興趣，遠超過於尋找它們與抽象形式之間的關聯。當她以近距離的特寫方式畫髖骨，或其他一些難以直接判斷外形的動物骨頭時，歐姬芙才對骨頭與抽象形式之間的關聯產生興趣，她在創作花朵系列時也採用這種近距離特寫的表現手法。

歐姬芙有兩個基本興趣，並可以由此將她的作品分類。首先，她對物體很感興趣，而且她說創作時，她必須集中精神觀察物體，並且一點一滴的發掘它。第二，開闊的空間也能激發歐姬芙的靈感（她在處理這類題材時同樣抱著渴望捕捉真實的心情，就如同她在描繪小靜物一樣），這也是促使她畫喬治湖、德克薩斯州沙漠以及城市景觀的動機。

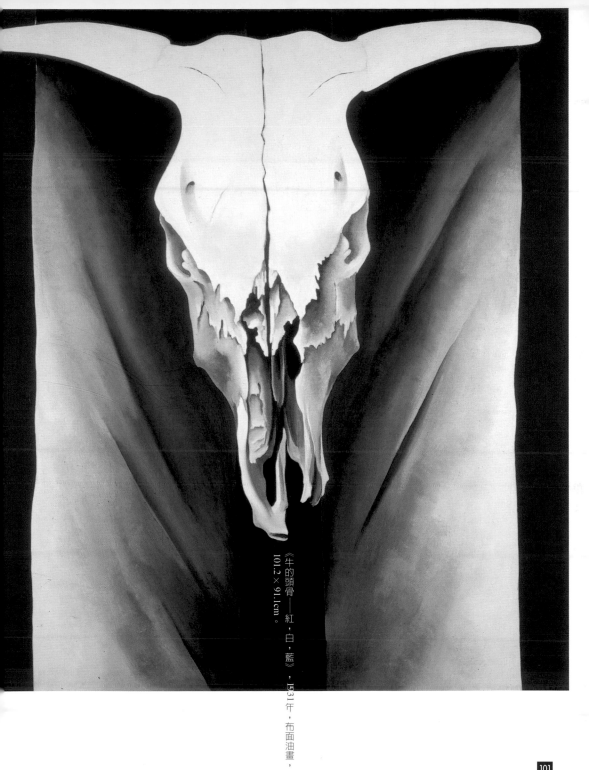

《牛的頭骨——紅、白、藍》，1931年，布面油畫，101.2×91.1cm。

《盆骨與陰影及月亮》，1943年，布面油畫，101.6 × 121.9cm。

歐姬芙的畫不同於以前總是抄襲歐洲名畫的畫家，而是充滿了獨特的美國風，她對於美國西部的一景一物、晨昏變化的熟悉程度，讓她成為少數抓住西部風韻的畫家。

　　在動物骨骸的畫作中，空間往往是難以辨認的。《牛的頭骨——紅，白，藍》就是一個明顯的例子。她使用精確的現實主義手法處理牛的頭蓋骨，但卻很難清楚辨別它的背景。這幅作品所表現的強烈戲劇性不僅是經由構圖而產生（頭蓋骨突顯的中心位置也不僅是因為明暗對照和藍色線條而形成），更因為美國國旗的顏色與牛的頭蓋骨——美國及美國西部的神秘象徵——的擺置關係。

旅行，一種夢的穿越
——《馬里山內地Ⅰ》

當歐姬芙停留在沙漠的時間越來越長時，阿畢庫伊和幽靈山莊附近的風景也成為她偏愛的繪畫主題之一。1929 年，她來到新墨西哥州的道斯，再一次被那裡的景物深深吸引，就如 1914 年她第一次在阿馬里洛（Amarillo）旅行一樣。長途旅行使歐姬芙能夠盡情地欣賞風景，然而她只能在寫生板上畫一些素描，但她真正想做的是在大自然中創作油畫。於是，她不得不學開車，這樣她既可不依賴別人，也能去任何她想要去的地方。某一次旅行中，她買下一輛舊的 A 型福特車，還把它改裝成一個小型的活動工作室。當她經過艱苦的學習駕駛過程，更要面對無人能夠理解為何一個女人願意獨自帶著畫板和畫筆到這種惡劣的地方探險的尷尬之後，對歐姬芙而言，可以不依賴別人而隨意到任何地方的自由，無疑是一次巨大的勝利，她也就以這種方式穿越了夢中的幻境，仿佛就在自己的作品中旅行一般。

歐姬芙在新墨西哥州的最初幾年裡，她的每一幅畫都表現了新的景物、新的色彩以及完全不同的光線。但是許多年後，她開始描繪不同季節裡的同一景物。在《夏天，

畫室前景》這幅畫中，她描繪的是從工作室眺望的遠處
景觀。不到一年，隔年春天她又重覆同樣的主題，只是
變換了植物生態以及光影與色調。不同於法國印象派畫
家在物體和色彩上所作的光影試驗，歐姬芙的繪畫則是
因為風景本身與其變化多端的迷人性質而產生。

《夏天，畫室前景》，1941 年，油畫，50.8 × 76.2cm。

歐姬芙的風景不是一般的寫實畫作，而是她內心感受的自然
風光，內化外顯而創作的，專屬於畫家本人的心靈風景。

平靜與活力
——《保羅的卡齊納》

即使是今日的亞利桑那州和新墨西哥州土著都會製作卡
齊納這種娃娃，其中霍皮族所做的或許最為出名。他
們象徵神話中的人物，並被給予如今僅遺留在土著祭祀舞蹈
中的人物特徵。在新墨西哥州度過的第一個夏天，歐姬芙參
加了許多次土著祭祀，而漸漸瞭解這些美洲及拉丁美洲土著
文化，以及這些文化之間的相似性。

　　卡齊納深深的吸引歐姬芙，她在它們身上發現兩個明顯
互相矛盾的概念：卡齊納既具有無生命物質的平靜，更由於
他們是神話人物及自然力量的化身，而同時又具備生命活
力。卡齊納雖然不是歐姬芙作品中常見的主題，但它卻表現
畫家與土著文化間的深厚聯繫。阿畢庫伊並不是歐姬芙躲避
外面世界的地方，相反的，更直接的生活於大自然以及土著
文化之中，使畫家能夠按照自己的希望生活，並繼續創作她
感興趣的題材。

　　《保羅的卡齊納》是歐姬芙少有的幾幅使用圓形框的作
品之一，形式上，它是一幅致力於捕捉物體本質特徵的精確
主義風格畫。

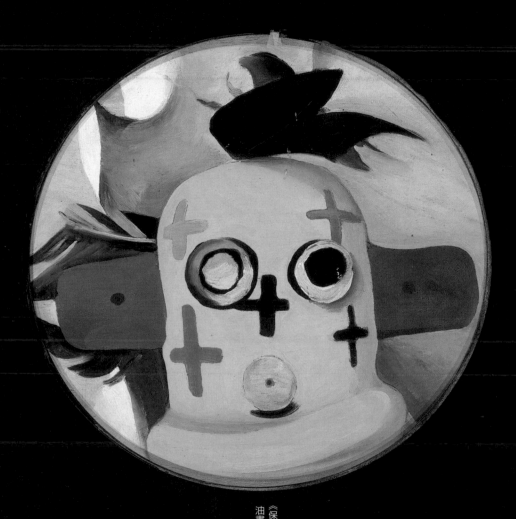

《保羅的卡齊納》，1931年，圓板面
油畫，直徑20.3cm。

Georgia O'Keeffe

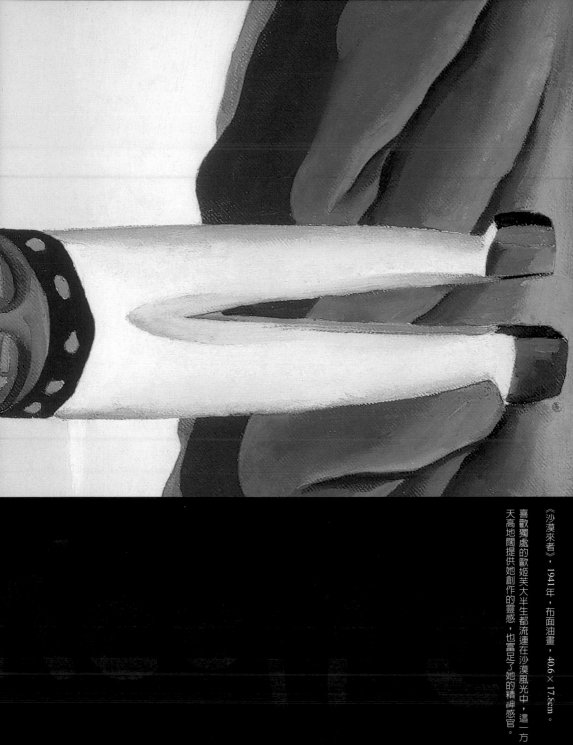

《沙漠來者》，1941年，布面油畫，40.6×17.5cm。

喜歡獨處的歐姬芙大半生都流連在沙漠風光中，這一方天高地闊提供她創作的靈感，也富足了她的精神感官。

樹，一個人的姿態
——《死去的鳥翅樹》

喬治亞·歐姬芙說過，當她畫一棵樹時，她就是那棵樹。與繪畫主題溝通，以達到有如主題物的狀態，是為了捕捉其本質，這個思想根源是來自亞瑟·威斯理·道的課程以及歐姬芙閱讀日本審美理論方面的感想。康丁斯基的著作《關於藝術的精髓》也是她用以理解創作過程中，畫家和繪畫主題之間所形成的近於神聖關係的基礎。

歐姬芙定居新墨西哥州之後，以一種史無前例的方式不斷地把各種樹木作為創作的主題，儘管樹木在風景畫中是頗為平常的主題。這個興趣可以追溯到 1920 年代，歐姬芙開始對喬治湖熟悉時，那時她描繪這些蔥蔥郁郁的森林，和收集的一些菜了。喬治亞·歐姬芙善於把樹葉和花朵的元素人性化，使它們的外形看起來像人類，這是她繪畫作品中一個很顯著的特點。在《被修剪的樹》（1920 年）這幅畫中，歐姬芙呈現一棵綠意盎然的大樹與一道明顯的棕色線條暗示著被剪去的枝條。被修剪的地方像活生生的創口，嚴重地破壞了畫面的和諧。歐姬芙以簡單、唯一的傷害，再加上作品標題，而使作品變成一個具衝擊性的實體。在《死去的鳥翅樹》這幅畫中，枯死的樹木好似人類的外形，就好像歐姬芙所描繪的是一幅人像而不是樹木一般。

歐姬芙在作品中經由樹木與花朵而創造深切情感的能力，是來自她精確捕捉物體本質——物質明顯的形貌——的技巧，她也不必顧及作品的寫實或簡單的程度。

《死去的鳥翅樹》，1943 年，布面油畫，101.6 × 76.2cm。

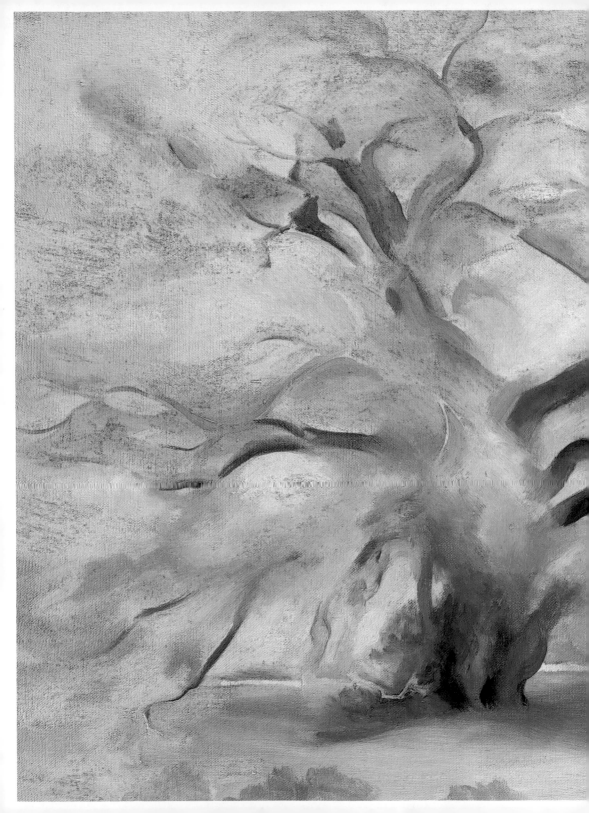

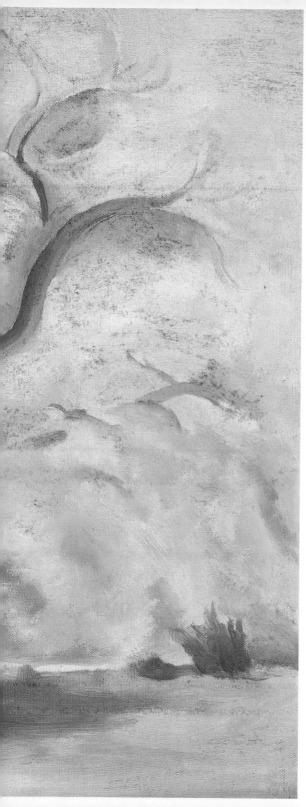

《阿畢庫伊的白楊樹》，1951 年，布面油畫，55.9 × 60cm。

圖片版權

國家圖書館出版品預行編目資料

萊特與歐姬芙／Paco Asensio 編著；
—— 初版. —— 臺中市：好讀，2005〔民94〕
面：　　公分，——（當畫家碰到建築師；03）

ISBN 957-455-818-5（平裝）

923.52　　　　　　　　　94002505

當畫家碰到建築師 03

萊特與歐姬芙

作者／Paco Asensio
翻譯／曲芸、李瀟　審訂／李淑萍
總 編 輯／鄧茵茵
文字編輯／葉孟慈
美術編輯／劉彩鳳（歐米設計）
發行所／好讀出版有限公司
台中市 407 西屯區何厝里 19 鄰大有街 13 號
TEL:04-23157795　FAX:04-23144188
e-mail:howdo@morningstar.com.tw
http://www.morningstar.com.tw
法律顧問／甘龍強律師
印製／知文企業（股）公司　TEL:04-23581803
初版／西元 2005 年 3 月 15 日

總經銷／知己圖書股份有限公司
台北公司：台北市 106 羅斯福路二段 79 號 4 樓之 9
TEL:02-23672044　FAX:02-23635741
台中公司：台中市 407 工業區 30 路 1 號
TEL:04-23595820　FAX:04-23597123

定價：300 元／特價：199 元

DUETS: WRIGHT-O'KEFFEE
2003 LOFT Publications S.L.
This translation published by arrangement with LOFT Publications S.L.
2004 北京紫圖圖書有限公司授權出版發行中文繁體字版
E-mail:right@readroad.com
http://www.readroad.com

書名：萊特與歐姬芙

1. 姓名：_____ □♀ □♂ 出生：___年___月___日

2. 我的專線：（H）_____ （O）_____
   FAX _____ E-mail _____

3. 住址：□□□_____

4. 職業：
   □學生 □資訊業 □製造業 □服務業 □金融業 □老師
   □SOHO族 □自由業 □家庭主婦 □文化傳播業 □其他_____

5. 何處發現這本書：
   □書局 □報章雜誌 □廣播 □書展 □朋友介紹 □其他_____

6. 我喜歡它的：
   □內容 □封面 □題材 □價格 □其他_____

7. 我的閱讀嗜好：
   □哲學 □心理學 □宗教 □自然生態 □流行趨勢 □醫療保健
   □財經管理 □史地 □傳記 □文學 □散文 □小說 □原住民
   □童書 □休閒旅遊 □其他

8. 我怎麼愛上這一本書：

   _____
   _____
   _____

『輕鬆好讀，智慧經典』
有各位的支持，我們才能走出這條偉大的道路。
好讀出版有限公司編輯部　謝謝您！

請填妥後對折裝訂，直接投郵即可，免貼郵票。

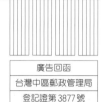

廣告回函
台灣中區郵政管理局
登記證第 3877 號
免貼郵票

好讀出版社　編輯部收

407 台中市西屯區何厝里大有街 13 號 1 樓
電話：04-23157795　傳眞：04-23144188
E-mail:howdo@morningstar.com.tw

新讀書主義—輕鬆好讀，品味經典

--------------請沿虛線摺下裝訂，謝謝！---------------

更方便的購書方式：

(1)信用卡訂購　填妥「信用卡訂購單」，傳眞或郵寄至本公司。
(2)郵 政 劃 撥　帳戶：知己圖書股份有限公司 帳號：15060393
　　　　　　　　在通信欄中填明叢書編號、書名及數量即可。
(3)通 信 訂 購　填妥訂購人姓名、地址及購買明細資料，連同支
　　　　　　　　票或匯票寄至本社。

◉單本以上 9 折優待，5 本以上 85 折優待，10 本以上 8 折優待。
◉訂購 3 本以下如需掛號請另付掛號費 30 元。
◉服務專線：(04)23595819-232　FAX：(04)23597123
◉網　　址：http://www.morningstar.com.tw